사이언스 리더스

신비로운
심해 동물

로지 콜로시 지음 | 조은영 옮김

 비룡소

로지 콜로시 지음 | 스콜라스틱, 내셔널지오그래픽 키즈 등 어린이 출판사에서 15년 넘게 아동 논픽션 책을 썼다. 그 밖에 카피라이터, 독서 모임 관리자로도 일하고 있다.

조은영 옮김 | 어려운 과학책은 쉽게, 쉬운 과학책은 재미있게 옮기려는 과학도서 전문 번역가이다. 서울대학교 생물학과를 졸업하고, 같은 대학교 천연물대학원과 미국 조지아대학교에서 석사 학위를 받았다.

이 책은 남아프리카공화국 케이프타운 투 오션스 아쿠아리움의 큐레이터 메리크 머슨, 메릴랜드 대학교의 독서교육학 명예 교수 마리엄 장 드레어가 감수하였습니다.

내셔널지오그래픽 키즈 사이언스 리더스
LEVEL 3 신비로운 심해 동물

1판 1쇄 찍음 2025년 1월 20일 1판 1쇄 펴냄 2025년 2월 20일
지은이 로지 콜로시 **옮긴이** 조은영 **펴낸이** 박상희 **편집장** 전지선 **편집** 최유진 **디자인** 천지연
펴낸곳 (주)비룡소 **출판등록** 1994.3.17.(제16-849호) **주소** 06027 서울시 강남구 도산대로1길 62 강남출판문화센터 4층
전화 02)515-2000 **팩스** 02)515-2007 **홈페이지** www.bir.co.kr **제품명** 어린이용 반양장 도서 **제조자명** (주)비룡소
제조국명 대한민국 **사용연령** 3세 이상 ISBN 978-89-491-6926-2 74400 / ISBN 978-89-491-6900-2 74400 (세트)

NATIONAL GEOGRAPHIC KIDS READERS LEVEL 3
ALIEN OCEAN ANIMALS by Rosie Colosi
Copyright © 2020 National Geographic Partners, LLC.
Korean Edition Copyright © 2025 National Geographic Partners, LLC.
All rights reserved.
NATIONAL GEOGRAPHIC and Yellow Border Design
are trademarks of the National Geographic Society,
used under license.
이 책의 한국어판 저작권은 National Geographic Partners, LLC.에 있으며, (주)비룡소에서 번역하여 출간하였습니다.
저작권법에 의해 한국 내에서 보호를 받는 저작물이므로 무단 전재와 무단 복제를 금합니다.

사진 저작권 ASP=Alamy Stock Photo; GI=Getty Images; MP=Minden Pictures; NG=National Geographic Image Collection; NPL=Nature Picture Library; SCS=Science Source; SP=SeaPics.com; SS=Shutterstock

Cover, Danté Fenolio/SCS; 1, Solvin Zankl/NPL; 3, Whitcomberd/Dreamstime; 4-5, Brian J. Skerry/NG; 6, Antonio Caparo; 8-9, Paulo Oliveira/ASP; 9, Norbert Wu/MP; 10, E. Widder/HBOI/GI; 11, Solvin Zankl/NPL; 12, Jordi Chias/NPL; 13 (UP), Courtesy of NOAA/Edith A. Widder, Operation Deep Scope 2005 Exploration; 13 (LO), Courtesy of NOAA Bioluminescence and Vision on the Deep Seafloor 2015; 14, Solvin Zankl/NPL; 15, WaterFrame/ASP; 16-17, Kelvin itken/ V&W/Image Quest Marine; 18, WaterFrame/ASP; 19-21 (ALL), David Wrobel/SP; 22, Courtesy of NOAA Office of Ocean Exploration and Research, Gulf of Mexico 2017; 23, Courtesy of NOAA Okeanos Explorer Program; 24, D. R. Schrichte/ SP; 25, Bournemouth News/SS; 26 (UP), Wikimedia Commons; 26 (CTR), Courtesy of Officers and Crew of NOAA Ship PISCES/Collection of Commander Jeremy Adams, NOAA Corps; 26 (LO), Humberto Ramirez/GI; 27 (UP), Courtesy of the Five Deeps Expedition; 27 (CTR), Jaffe Lab for Underwater Imaging/Scripps Oceanography/UC San Diego; 27 (LO), Luis Lamar/NG; 28, Kei Nomiyama/REX SS; 29, Solvin Zankl/NPL; 30, Danté Fenolio/GI; 31, Solvin Zankl/NPL; 32-33, randi_ang/SS; 34, Danté Fenolio/SCS; 35, Steve Downer/SCS; 35 (INSET), Flip Nicklin/MP; 36-37, Noriaki Yamamoto/MP; 38, William Chadwick, NOAA Vents Program; 39-40 (ALL), David Shale/NPL; 41, Courtesy of NOAA Okeanos Explorer Program, Galapagos Rift Expedition 2011; 42, Seatops/imageBROKER/SS; 43, Wild Horizons/UIG via GI; 44 (UP), Courtesy of Submarine Ring of Fire 2006 Exploration, NOAA Vents Program; 44 (CTR), Brian J. Skerry/NG; 44 (LO UP), Courtesy of NOAA Office of Ocean Exploration and Research, Gulf of Mexico 2017; 44 (LO LE), Solvin Zankl/NPL; 44 (LO RT), Courtesy of NOAA Office of Ocean Exploration and Research, 2016 Deepwater Exploration of the Marianas; 44 (LO LO), Danté Fenolio/SCS; 45 (UP LE), David Shale/NPL; 45 (UP RT), Gregory Ochocki/SP; 45 (LO LE), Wikimedia Commons; 45 (LO RT), katatonia82/SS; 46 (UP), Solvin Zankl/NPL; 46 (CTR LE), randi_ang/SS; 46 (CTR RT), Antonio Caparo; 46 (LO LE), E. Widder/HBOI/GI; 46 (LO RT), Leremy/SS; 47 (UP LE), Sebastian Kaulitzki/SS; 47 (UP RT), Antonio Caparo; 47 (CTR LE), William Chadwick, NOAA Vents Program; 47 (CTR RT), Flip Nicklin/MP; 47 (LO LE), Norbert Wu/MP; 47 (LO RT), Danté Fenolio/GI; top border (THROUGHOUT), Elena Eskevich/SS; vocabulary box (THROUGHOUT), Maquiladora/SS

이 책의 차례

지구 속 낯선 세계

어둡고 깊은 바다인 **심해**는 사람이 아직 완전히
탐험하지 못한 지구의 마지막 장소야. 물은
얼음장처럼 차갑고, 주변은 눈앞이 보이지 않을
정도로 깜깜해서 사람이 가기엔 너무 어렵거든.

심해에 사는 동물의 생김새는 우리가 아는 다른
바다 동물과 많이 달라. 꼭 우주에서 온 외계 생명체
같다니까! 우리 함께 이 신비한 동물들을 만나러
심해로 떠나 볼까?

잠수정 딥씨가 코스타리카 코코스섬
근처 바다의 밑바닥을 탐험하고 있어.
잠수정은 깊은 바닷속을 탐사하는 배야.

심해는 얼마나 깊을까?

바다는 깊이에 따라 크게 세 부분으로 나눌 수 있어.

유광층: 수심 0~200미터. 사람들이 헤엄도 치고 물고기도 잡아.

약광층: 수심 200~1000미터. 여기까지는 빛이 조금 들어와. 물의 온도도 점점 차가워지지.

무광층: 수심 1000미터 아래. 물이 얼음장처럼 차갑고 빛이 거의 들어오지 않아서 칠흑같이 어두워. 햇빛이 없으니까 식물도 자라지 못해. 이 층을 심해라고 해.

깜짝 과학 발견

태평양의 챌린저 해연은 깊이가 약 1만 994미터로 지구에서 가장 깊은 장소야. 에베레스트산이 들어가면 잠기고도 남지!

심해는 지구에서 가장 크고 넓은 **서식지**야.
하지만 심해에서 사는 건 만만치 않아.
심해에 사는 동물은 항상 엄청난 양의 물로
짓눌리고 있거든. 머리 위에 물이 몇천 미터가
넘는 깊이로 늘 쌓여 있으니까 말이야.

깊은 물속으로 들어갈수록 물의 **압력**은 더
커져. 그렇게 강한 압력을 받으며 살 수 있는
생물은 많지 않아. 게다가 햇빛도 들어오지
않아서 동물뿐 아니라 식물도 거의 살 수
없어. 따라서 동물이 먹을 먹이도 부족해.

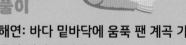

**심해 용어
풀이**

해연: 바다 밑바닥에 움푹 팬 계곡 가운데
특히 깊이 들어간 부분.
서식지: 동물이나 식물이 살아가는 보금자리.
압력: 어떤 것을 위에서 아래로 누르는 힘.

깜박깜박, 어둠 속의 빛

심해에는 햇빛이 닿지 않아. 그렇다고 완전히 깜깜한
건 아니야. 드물지만 심해에도 빛이 있어. 스스로
빛을 내는 동물들이 살거든.

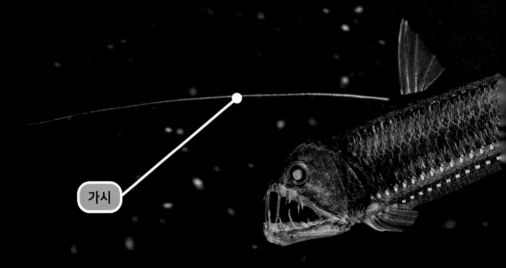

가시

슬론스바이퍼피시는 심해에서
가장 사나운 동물 중 하나야.

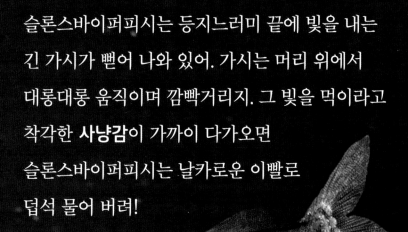

슬론스바이퍼피시는 등지느러미 끝에 빛을 내는
긴 가시가 뻗어 나와 있어. 가시는 머리 위에서
대롱대롱 움직이며 깜빡거리지. 그 빛을 먹이라고
착각한 **사냥감**이 가까이 다가오면
슬론스바이퍼피시는 날카로운 이빨로
덥석 물어 버려!

**심해 용어
풀이**

사냥감: 동물 등이 사냥하여
잡아먹으려고 하는 대상.

심해의 많은 **포식자**가 불빛으로 사냥감을 끌어들여.
하지만 작은이빨드래곤피시의 눈 밑에서 나오는
붉은빛은 다른 물고기가 볼 수 없어. 이 빛은
주변을 비추어 어둠 속에서 먹잇감을 찾는 데
쓰여. 아무것도 모른 채 다가온 먹잇감은 순식간에
잡아먹히지!

**심해 용어
풀이**

포식자: 다른 동물을 사냥해서
잡아먹는 동물.

대서양긴팔오징어는 다리를 길게
쭉 뻗어서 먹잇감을 쉽게 잡아!

대서양긴팔오징어는 긴 다리 끝에 빛나는 반점이
여러 줄 있어. 멀리 있는 먹잇감은 이 반점을
해파리라고 착각하고는 가까이 다가오지. 자기를
해치지 않을 거라고 철석같이 믿는 거야. 하지만 곧
대서양긴팔오징어의 긴 다리에 붙잡히고 말아.

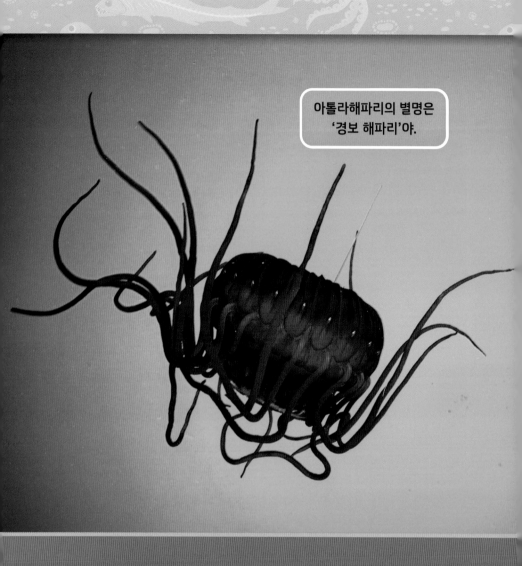

아톨라해파리의 별명은
'경보 해파리'야.

아톨라해파리는 빛으로 자기를 보호해. 포식자가
공격하려고 다가오면 몸 한가운데에서 푸른빛을 마구
깜빡이지. 경찰차 위에 있는 사이렌처럼 빙글빙글
돌면서 말이야. 꼭 '비명'을 지르는 것 같다니까!

그러면 그 빛을 보고
더 큰 포식자가
찾아와 먼저
다가온 포식자를
잡아먹으려고 해.
아톨라해파리는 이
틈에 후다닥 도망쳐!

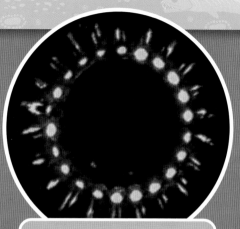

아톨라해파리가 내는 빛은
파란색이야. 파랑은 심해에서
가장 멀리까지 잘 보이는 색이지.

심해의 감시자, 전자 해파리

과학자들은 아톨라해파리가 내는 푸른빛을 본떠 전자 해파리를
만들었어. 이 전자 해파리는 심해 동물을 연구하는 카메라에
매달려서 아톨라해파리처럼 빛을 번쩍거리지. 그러면
긴꼬리장어처럼 그 빛을 보고 달려드는 심해 포식자의 사진을
찍을 수 있어.

입을 크게 쩍!

살아남기 힘든 심해에서 지내기 위해 동물들은
어떻게 **적응**해 왔을까? 깊고 어두운 바다에는 먹을
것이 많지 않아. 그래서 심해 동물은 먹잇감을
단번에 사냥할 수 있도록 입이 특별하게 발달했지.

빨간씬벵이는 자기 몸만 한 먹잇감을 삼킬 수 있어.
먹잇감이 가까이 오길 기다렸다가 때가 되면 입을
평소보다 열두 배나 크게 벌려. 그리고
커다란 입을 순식간에
닫아서 먹잇감을
꿀꺽 삼켜 버리지.
아, 맛있다!

깜짝 과학 발견

빨간씬벵이는 털북숭이라는
별명이 있지만 사실 온몸을
덮은 건 털이 아니라 작은
가시들이야.

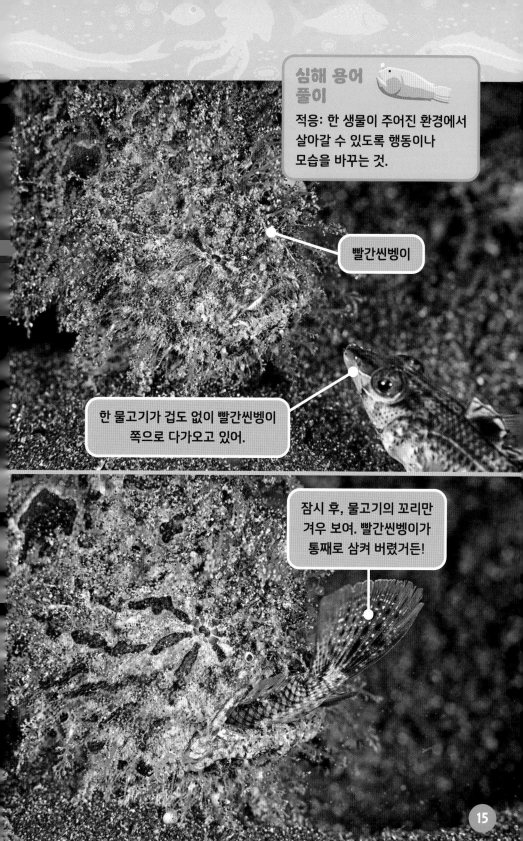

심해 용어 풀이

적응: 한 생물이 주어진 환경에서 살아갈 수 있도록 행동이나 모습을 바꾸는 것.

빨간씬벵이

한 물고기가 겁도 없이 빨간씬벵이 쪽으로 다가오고 있어.

잠시 후, 물고기의 꼬리만 겨우 보여. 빨간씬벵이가 통째로 삼켜 버렸거든!

심해에는 먹잇감이 많지 않으니 한번 잡으면 꼭
붙들고 놓지 말아야 해. 주름상어의 입에는 이빨
300여 개가 줄지어 나 있어. 각 이빨은 세 갈래로
갈라진 모양을 하고 있어. 게다가 끝이 바늘처럼
뾰족하고, 갈고리같이 안쪽으로 휘어져 있지. 그러니
물고기가 붙잡히면 끝장이야! 절대 도망칠 수 없다고!

주름상어는 뱀장어처럼 바닷속을 헤엄쳐.
가장 좋아하는 먹잇감은 오징어야.

깜짝
과학
발견

주름상어는 '살아 있는 화석'이라
부르기도 해. 아주 오래전에
살았던 주름상어의 화석과
지금의 모습이 똑같다는 뜻이지.
무려 8000만 년 전의 모습
그대로 지금까지 살고 있거든.

울프피시는 앞으로 튀어나온 날카로운 송곳니로 먹이를 붙잡아. 송곳니 뒤로도 튼튼한 이빨이 여러 줄로 나 있어서 단단한 조개껍데기나 게를 간단히 으스러뜨릴 수 있지. 하지만 일 년이면 이빨이 다 닳아서 빠져 버린대. 걱정은 마! 새 이빨이 빠르게 자라서 빈 자리를 채우니까.

깜짝 과학 발견

울프피시는 목구멍 안에도 이빨이 나 있어!

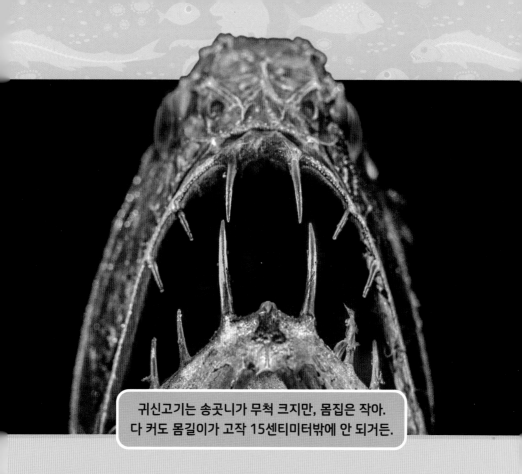

귀신고기는 송곳니가 무척 크지만, 몸집은 작아.
다 커도 몸길이가 고작 15센티미터밖에 안 되거든.

귀신고기는 모든 바닷물고기 가운데 몸집에 비해
이빨이 가장 커. 입을 닫아도 이빨이 워낙 커서
완전히 다물지는 못한대.

귀신고기는 눈이 그다지 좋지 않아. 대신 몸통의
옆면을 따라 옆줄이 가늘게 이어져 있어. 주변의
온도와 움직임을 이것으로 느껴. 먹잇감이 지나가면
이빨로 확 낚아채지.

내 몸을 지키는 방법

심해에는 무시무시한 포식자가 많아. 동물들은
자신을 지키는 특별한 방법을 가지고 있지.

관족

몸이 젤리처럼 부드럽고 통통한 바다돼지는
위험하다고 느끼면 자기 몸속의 창자를 토해 버려.
그럼 포식자는 겁을 먹고 줄행랑치지. 바다돼지의
창자는 곧 다시 만들어지니까 걱정하지 않아도 돼.

촉수

깜짝 과학 발견

바다돼지는 몸 아래에
다리처럼 보이는 관족이 있어.
관족으로 심해 밑바닥을 걸어
다니고 먹잇감도 찾지. 몸
위에 달린 촉수도 먹잇감을
찾거나 주변을 살피는 데 써.

이 심해 해삼은
몸이 반투명해서
밖에서도
몸속이 다 보여.

심해 용어
풀이

점액: 생물이 몸에서 내보내는
끈끈한 액체.

'머리 없는 괴물 닭'이라는 별명을 가진 심해
해삼이야. 포식자가 다가와서 부딪히면 **점액**을
뿜어내서 포식자를 감싸 버려. 상대가 깜짝 놀라
당황하면 그사이에 도망치지. 이 점액은 포식자를
빛나게 해서 다른 먹잇감에게 다가오지 말라고
알리는 역할도 해.

먹장어가 뿜어내는 점액은 공격을 하기도 해.
바닷물에 닿으면 부풀어 올라서 다가오는 포식자의
아가미를 순식간에 막아 버리거든. 먹장어는 그때를
틈타 유유히 자리를 빠져나간단다.

먹장어는 단 몇 초 만에 점액을
잔뜩 만들어 낼 수 있어.

바티노무스는 공격을 받으면 몸을 공 모양으로
둥그렇게 말아. 딱딱한 껍데기로 부드러운 배를
보호하는 거야. 이런 철통 방어 덕분에 포식자들은
바티노무스를 웬만해서 건들지 않는다지.

바티노무스는 주로 바다
밑바닥을 기어다니면서
죽은 동물을 먹어
없애는 청소동물이야.

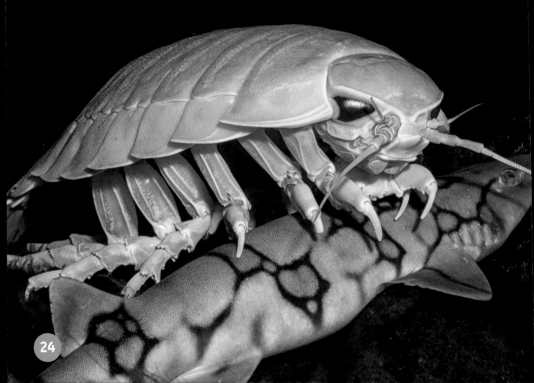

바티노무스는 40센티미터까지도 자란대. 꽤 크지?

심해 동물은 땅에 사는 동물보다 크게 자라는 경우가 많아. 예를 들어 바티노무스와 닮은 육지 동물인 공벌레는 몸길이가 1.5센티미터도 채 안 돼. 하지만 바티노무스는 집고양이만큼 크게 자라지! 이 현상을 심해 거대증이라고 하는데, 아직 과학자들도 왜 그런지는 정확히 알지 못해.

깜짝 과학 발견

일본 사람들은 바티노무스를 좋아한대. 바티노무스 모양의 핸드폰 케이스가 있을 정도로 말이야. 놀랍지?

6 심해 탐험에 대한 가지 멋진 사실

1960년에 잠수정 트리에스테가 처음으로 사람을 태우고 심해에 갔어. 이때부터 사람들은 심해로 내려가 새로운 바다 동물 수백 종을 발견할 수 있었지.

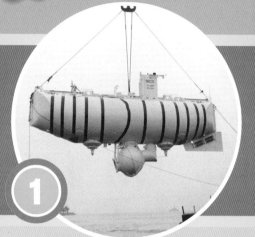

①

②

과학자들은 랜더라는 장치로 심해 동물을 연구해. 랜더에는 움직임을 알아채는 카메라와 동물을 끌어들이는 미끼가 달려 있어. 주변의 영상을 찍고, 미끼를 보고 다가온 생물을 가두어 바다 위로 끌어 올리는 일을 하지.

수중 드론은 물속을 돌아다니면서 사진을 찍는 로봇이야. 먼 곳에서 사람이 조종할 수 있지. 우리가 직접 갈 수 없는 심해를 촬영할 때 필요해!

③

④ 파이브 딥스 엑스퍼디션은 심해를 탐험하며 새로운 생물 종을 찾는 프로젝트야. 2018년에 시작하여 지구를 둘러싼 다섯 바다 오대양의 심해를 둘러보는 데 성공했지.

자몽 크기의 수중 로봇인 소형 자율 수중 탐험체 (M-AUE)는 물속 모습이 어떻게 생겼는지 보여 주는 장비야. 이 장비로 심해에 사는 플랑크톤의 움직임도 쫓을 수 있어.

⑤

엑소슈트는 우주의 우주복처럼 바다에서 입는 잠수복이야. 엑소슈트를 입으면 심해에서 받는 물의 압력을 견딜 수 있지. 스스로 빛을 내는 심해 동물을 가까이에서 살펴보기 좋아.

⑥

꼭꼭 숨어라!

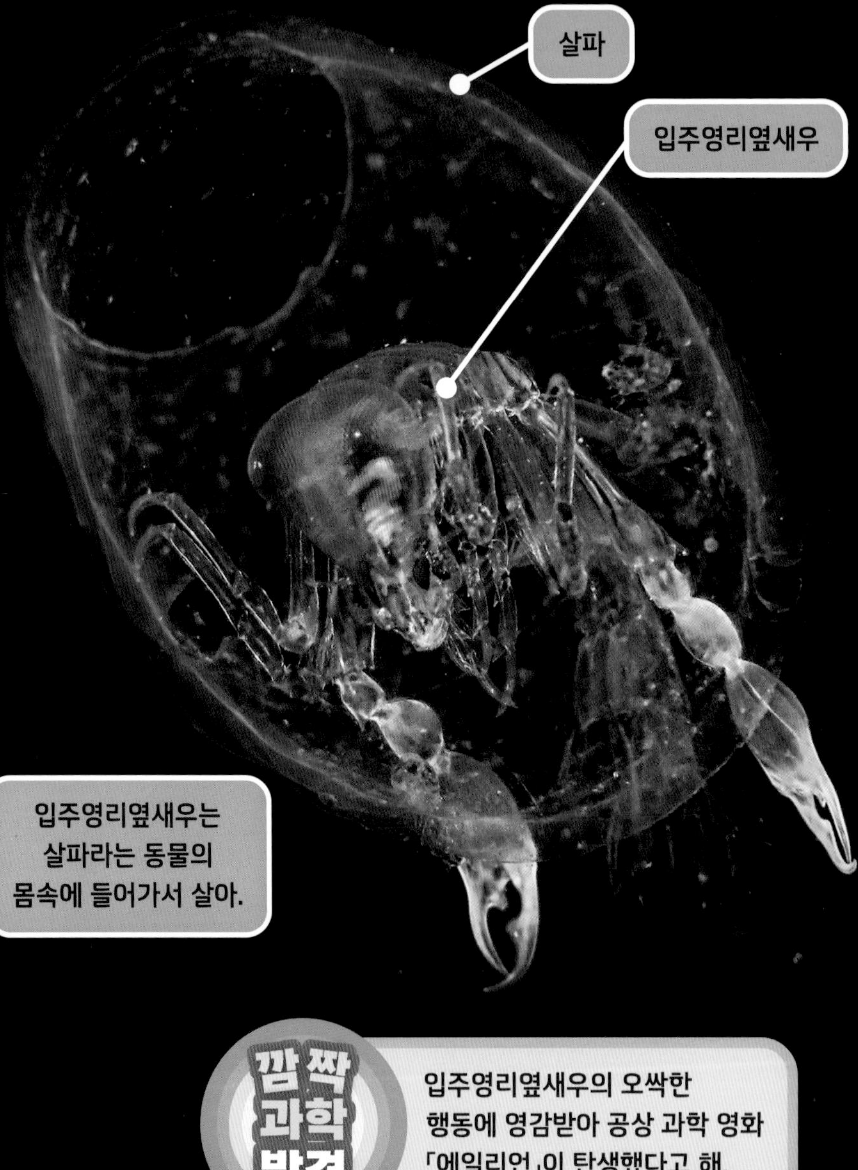

살파

입주영리옆새우

입주영리옆새우는
살파라는 동물의
몸속에 들어가서 살아.

입주영리옆새우의 오싹한
행동에 영감받아 공상 과학 영화
「에일리언」이 탄생했다고 해.

심해의 밑바닥은 몸을 숨길 곳이 별로 없어. 그래서
많은 동물이 **위장**을 하고 주변의 포식자를 피하지.

입주영리옆새우는 먹잇감을 변장 도구로 써서 자기
모습을 숨기는 놀라운 동물이야. 날카로운 발톱으로
먹잇감의 몸속 내장을 먹어 치운 다음, 그 안으로
들어가지. 세상에나! 심지어 먹잇감의
몸속에 알을 숨겨 두고
유아차처럼 끌고 다니기도
한대.

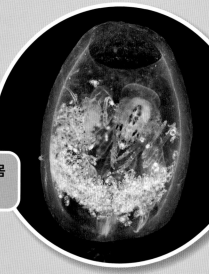

 입주영리옆새우가 살파의 몸
안에 알을 낳은 모습이야.

**심해 용어
풀이**

위장: 정체를 숨기기 위해 모습을
바꾸거나 꾸미는 일.

투명한 몸으로 포식자를 피하는 심해 동물도 있어.

앵무오징어는 별명이 '유리 오징어'야. 속이 훤히
보일 만큼 온몸이 투명하거든. 몸속에는 붉은색 소화
기관이 있는데, 이 붉은색 기관은 다른 심해 동물의
눈에 보이지 않는대. 심해에서 가장 멀리까지 보이는
파란빛과 반대로 붉은빛은 물에 흡수되거든.

다른 심해 동물에게는
앵무오징어가 이렇게 보일
거야. 붉은색 소화 기관이
보이지 않을 테니 말이야.

청옥검물벼룩은 보석처럼 반짝여서 바다 사파이어라 부르기도 해.

청옥검물벼룩은 주변의 희미한 빛을 이용해서 몸을 반짝이게도 하고, 투명하게 보이게도 해. 반짝이는 몸과 투명한 몸을 번갈아 바꿔 가며 포식자를 혼란스럽게 하지. 특히 수컷 청옥검물벼룩은 파란색, 보라색, 초록색 등 화려한 색으로 반짝여. 과학자들은 이 빛이 짝짓기 할 암컷에게 보내는 신호라고 생각해.

두리번두리번, 심해 동물의 눈

컴컴한 심해에 살려면 아주 희미한 빛도 놓치지 말아야 해.

갯가재는 **겹눈**으로 먹잇감을 찾아내고 포식자를 피해. 사람은 세 종류의 빛인 빨강, 초록, 파랑만 보고 색을 구분하지만, 갯가재는 최대 열여섯 가지의 빛을 볼 수 있어. 그렇다고 갯가재가 사람처럼 색을 잘 구분하는 건 아니야.

심해 용어 풀이

겹눈: 작은 눈이 여러 개 모여서 이루어진 눈.

갈색주둥이통안어는 눈이 커다란 알사탕처럼
생겼어. 투명한 머리 안에 쏙 들어 있지. 두 눈은
서로 다른 방향을 볼 수 있어. 한쪽 눈은 위를 보며
포식자와 먹잇감의 그림자를 찾고, 다른 한쪽 눈은
아래에서 다른 동물이 내는 희미한 빛을 찾는 거야.
어때? 신기하지?

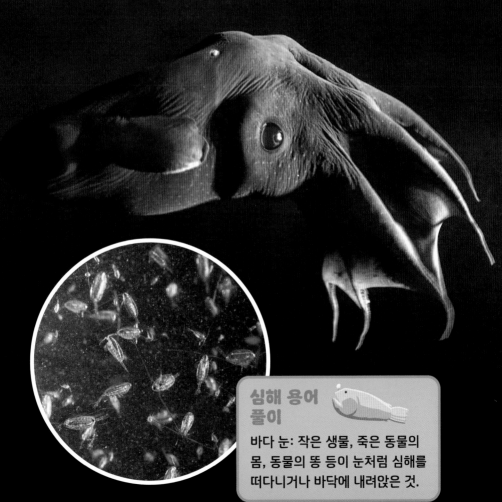

흡혈오징어는 전 세계 동물 중에서 몸집에 비해 눈이 가장 커. 이 커다란 눈으로 심해에 떠다니는 **바다 눈**을 찾아다니지. 이름 때문에 동물의 피를 빨아 먹는다고 오해하면 안 돼!

심해 용어 풀이

바다 눈: 작은 생물, 죽은 동물의 몸, 동물의 똥 등이 눈처럼 심해를 떠다니거나 바닥에 내려앉은 것.

망원경문어는 망원경처럼 생긴 관 모양의 긴 눈이
머리 위로 튀어나와 있어.

두 눈은 갈색주둥이통안어처럼 서로 다른 방향으로
돌아가. 그래서 위를 바라보고 누워서도 주변
곳곳을 살펴볼 수 있지. 그렇게 망원경문어는 심해를
떠다니며 포식자를 피하고 먹잇감을 찾아내.

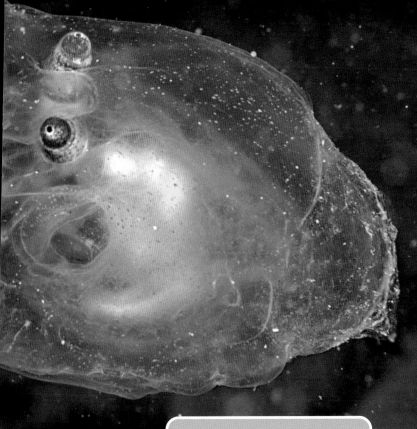

망원경문어의 몸은 거의 투명해서
포식자들이 찾기 어려워.

심해 파티를 열어 볼까?

깊은 물속에 사는 동물들은 보통 혼자 지내. 그런데
과학자들이 여러 종의 심해 동물들이 무리 지어 사는
곳을 발견했어. 그곳은 바로 심해 **열수구**야. 부글부글
끓어오르는 뜨거운 물이 뿜어져 나오는 샘이지. 그 물과
차가운 바닷물이 섞여 따뜻해지고, 먹을 것도 많으니
다들 모이는 거야. 꼭 파티를 하는 것처럼 말이야!

열수구 근처에서 사는 설인게는 '농사'를 지으며
사는 동물이야. 무슨 뜻이냐고? 설인게는 자기
가슴과 팔에 부숭부숭 난 긴 털에 열수구에서 나온
박테리아를 기르거든.
배가 고프면 기르던
박테리아를
긁어모아서
먹어 버리지.
냠냠!

설인게는 2005년 남태평양의
이스터섬 근처 심해
열수구에서 처음 발견되었어.

심해 용어
풀이

열수구: 심해 밑바닥에서 뜨거운 물이 뿜어
나오는 곳.

박테리아: 아주 작은 하나의 세포로
이루어져 있으며, 다른 생물에 붙어 살며
병을 일으키기도 하는 생물.

갈라파고스민고삐수염벌레도 열수구 근처에서
무리를 짓고 살아. 이 벌레는 기다란 관처럼 생겨서
위로 쑥쑥 자라지. 음식을 먹고 소화하는 기관은
없지만 몸속의 세균이 알아서 먹이를 만들어 줘서
문제없이 살아갈 수 있어.

세상에서 가장 뜨거운 집

눈먼새우는 열수구 안에 살고 있어. 물의 온도가 섭씨 370도 이상인
아주 뜨거운 곳이야. 이런 환경에서도 살아가는 모습을 보고 과학자들은
이 새우를 연구해 평균 온도가 지구와 아주 달라서 생물이 살아남기
어려운 다른 행성의 생명체에 대해 알 수 있을 거라고 생각해.

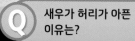

Q 새우가 허리가 아픈 이유는?

A 새햐로을 지거사.

> 지금까지 발견된
> 갈라파고스민고삐수염벌레
> 중 가장 긴 건 길이가 무려
> 3미터나 됐대.

심해 탐험은 계속된다!

과학자들은 심해에서 외계 생명체처럼 낯선 동물을 많이 발견했어. 하지만 아직 탐험하지 못한 곳이 심해 전체의 95퍼센트나 돼. 우리의 기술이 계속 발달하면 새로운 동물들을 더 발견할 수 있겠지? 정말 기대돼!

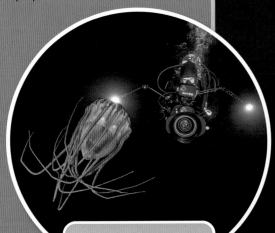

잠수부가 헬멧해파리를 관찰하고 있어.

잠수정을 탄 사람들이 카리브해 산호초 근처에서
거대항아리해면을 발견했어. 해면은 뼈가 없고
몸이 스펀지처럼 생긴 바다 동물이야.

도전! 심해 동물 박사

어때? 놀라운 심해 동물을 만나는 동안 많이 배운 것
같아? 아래 퀴즈를 풀어 보고 직접 확인해 보자.
정답은 45쪽 아래에 있어.

1

심해에서 동물이 무리 지어 사는 곳은
어디일까?
A. 해초밭
B. 해변
C. 열수구
D. 바다 한복판

2

다음 중 심해의 특징이 아닌 것은?
A. 높은 압력
B. 신기하게 생긴 동물
C. 낮은 온도
D. 눈부신 햇빛

다음 중 창자를 토해 내서 포식자를
혼란스럽게 하는 동물은?
A. 머리 없는 괴물 닭
B. 바다돼지
C. 갈색주둥이통안어
D. 빨간씬벵이

3

설인게는 무엇을 먹고 살까?
A. 바다 눈
B. 박테리아
C. 작은 물고기
D. 해초

4

모든 바닷물고기 중에 몸집에 비해 이빨의 크기가 가장 큰 동물은?
A. 울프피시
B. 빨간씬벵이
C. 주름상어
D. 귀신고기

5

6

사람을 태우고 심해 밑바닥까지 내려간 최초의 잠수정 이름은?
A. 트리에스테
B. 익스플로러
C. 캡틴
D. 에일리언

아직 인간이 탐험하지 못한 심해는 얼마나 될까?
A. 전체의 95퍼센트
B. 전체의 50퍼센트
C. 전체의 20퍼센트
D. 모두 탐험 완료!

7

정답: ① C, ② D, ③ B, ④ B, ⑤ D, ⑥ A, ⑦ A

꼭 알아야 할 과학 용어

적응: 한 생물이 주어진 환경에서 살아갈 수 있도록 행동이나 모습을 바꾸는 것.

겹눈: 작은 눈이 여러 개 모여서 이루어진 눈.

서식지: 동물이나 식물이 살아가는 보금자리.

포식자: 다른 동물을 사냥해서 잡아먹는 동물.

압력: 어떤 것을 위에서 아래로 누르는 힘.

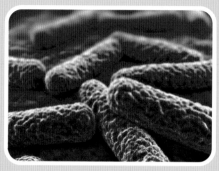

박테리아: 아주 작은 하나의 세포로 이루어져 있으며, 다른 생물에 붙어 살며 병을 일으키기도 하는 생물.

해연: 바다 밑바닥에 움푹 팬 계곡 가운데 특히 깊이 들어간 부분.

열수구: 심해 밑바닥에서 뜨거운 물이 뿜어 나오는 곳.

바다 눈: 작은 생물, 죽은 동물의 몸, 동물의 똥 등이 눈처럼 심해를 떠다니거나 바닥에 내려앉은 것.

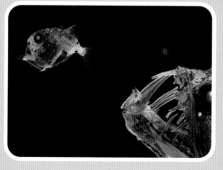

사냥감: 동물 등이 사냥하여 잡아먹으려고 하는 대상.

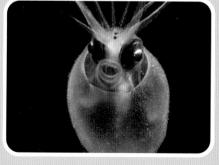

위장: 정체를 숨기기 위해 모습을 바꾸거나 꾸미는 일.

찾아보기